BEI GRIN MACHT SICH IHR WISSEN BEZAHLT

- Wir veröffentlichen Ihre Hausarbeit,
  Bachelor- und Masterarbeit

- Ihr eigenes eBook und Buch -
  weltweit in allen wichtigen Shops

- Verdienen Sie an jedem Verkauf

Jetzt bei www.GRIN.com hochladen
und kostenlos publizieren

Bibliografische Information der Deutschen Nationalbibliothek:

Die Deutsche Bibliothek verzeichnet diese Publikation in der Deutschen National-
bibliografie; detaillierte bibliografische Daten sind im Internet über http://dnb.d-
nb.de/ abrufbar.

Dieses Werk sowie alle darin enthaltenen einzelnen Beiträge und Abbildungen
sind urheberrechtlich geschützt. Jede Verwertung, die nicht ausdrücklich vom
Urheberrechtsschutz zugelassen ist, bedarf der vorherigen Zustimmung des Verla-
ges. Das gilt insbesondere für Vervielfältigungen, Bearbeitungen, Übersetzungen,
Mikroverfilmungen, Auswertungen durch Datenbanken und für die Einspeicherung
und Verarbeitung in elektronische Systeme. Alle Rechte, auch die des auszugsweisen
Nachdrucks, der fotomechanischen Wiedergabe (einschließlich Mikrokopie) sowie
der Auswertung durch Datenbanken oder ähnliche Einrichtungen, vorbehalten.

Impressum:

Copyright © 2018 GRIN Verlag
Druck und Bindung: Books on Demand GmbH, Norderstedt Germany
ISBN: 9783668910225

Dieses Buch bei GRIN:

https://www.grin.com/document/459443

Jasmin Stapelfeldt

Evolutionstheorie und Evolutionsstrategie

GRIN Verlag

GRIN - Your knowledge has value

Der GRIN Verlag publiziert seit 1998 wissenschaftliche Arbeiten von Studenten, Hochschullehrern und anderen Akademikern als eBook und gedrucktes Buch. Die Verlagswebsite www.grin.com ist die ideale Plattform zur Veröffentlichung von Hausarbeiten, Abschlussarbeiten, wissenschaftlichen Aufsätzen, Dissertationen und Fachbüchern.

Besuchen Sie uns im Internet:

http://www.grin.com/

http://www.facebook.com/grincom

http://www.twitter.com/grin_com

Assignment

EVOLUTIONÄRE ALGORITHMEN*1

Evolutionstheorie und Evolutionsstrategie

Modul: Interdisziplinäre Kompetenz

Jasmin Stapelfeldt

I. Gliederung

Jasmin Stapelfeldt

Evolutionäre Algorithmen*1

III. Tabellenverzeichnis

IV. Abkürzungsverzeichnis

Evolutionsstrategie	ES
Beispielsweise	Bspw.

1. Einleitung

Seit knapp vier Milliarden Jahren lebt unser Planet. In dieser Zeit hat die Natur Antworten auf nahezu alle Fragen des Lebens entwickelt und optimiert. Aufgrund dieses Prozesses der Evolution, entwickelte J.B. Lamarck 1809 ein Theoriegebäude des Artenwandels und gilt so als einer der Urväter der Evolutionstheorie. 1859 veröffentlichte Charles Darwin seine Evolutionstheorie, den Darwinismus. Er befasst sich hauptsächlich mit der natürlichen Auslese, wobei Änderungen im Erbgut, über zufällige Rekombination an die Nachkommen vererbt werden.

Dieses Prinzip der Natur will der Mensch lernen zu begreifen. Denn der „menschliche Schöpfergeist kann verschiedene Erfindungen machen [...], doch nie wird ihm eine gelingen, die schöner, ökonomischer und geradliniger wäre als die der Natur, denn in ihren Erfindungen fehlt nichts, und nichts ist zu viel."[1] Bionik ist die wohl bekannteste Methode hierfür. Sie befasst sich mit der Aufgabe natürliche Prinzipien zu verstehen und daraus ökologische und optimierte technologische Lösungen abzuleiten.[2] Ein klassischer Ansatz in diesem Bereich ist die Evolutionsstrategie (ES),[3] welche auf den Prinzipien der Evolutionstheorie aufbaut. Was sie beinhaltet und wie sie angewendet wird, gilt es in dem vorliegenden Assignment zu erörtern.

Zielsetzung und Aufbau

Ziel der Arbeit ist es eine Einführung in die ES zu bieten, die sowohl die Stärken und Schwächen, als auch die Unterschiede zur Evolutionstheorie herausarbeitet. Hierfür werden in Kapitel zwei die Evolutionstheorie nach Charles Darwin vorgestellt. Anschließend wird die ES definiert und ihr Mechanismus als technisches Optimierungsverfahren erläutert. In Kapitel 3.8 werden die Ähnlichkeiten zwischen der Evolutionstheorie und der ES aufgezeigt. Anschließend werden die Stärken und Schwächen herausgearbeitet. In drei Anwendungsbeispielen wird das Vorgehen einer ES veranschaulicht. Als erstes geht es um die Optimierung eines 90° Rohrkrümmers, gefolgt von der einer Produktionssteuerung in Hinblick auf Energieeffizienz und der Optimierung einer Fräsmaschine. Abschluss der Arbeit bildet die Zusammenfassung und die kritische Reflexion.

---

[1] Da Vinci, Leonardo.
[2] Nachtigall, W./ Pohl, G., 2013, S.1.
[3] Nachtigall, W./ Wisser, A., 2013, S.26 ff.

2. Evolutionstheorie

2.1 Evolutionsforschung

Bis zu den Anfängen des 18. Jahrhunderts ging man in der Biologie davon aus, dass ein natürliches System ein statisches Gebilde sei. Doch die Zweifel an der Unveränderlichkeit der Arten mehrten sich im Laufe der Zeit.[4] Neben vereinzelten Forschern, erregte Lamarcks Werk „Philosophie Zoologique"[5] 1809 als eine der ersten systematischen Evolutionstheorien breites Aufsehen. Er ging davon aus, dass sich Organismen aktiv an ihre Umwelt anpassen. Organe würden beispielsweise (bspw.) durch die Bewegung von Gasen und Flüssigkeiten sowie Licht, Wärme oder Elektrizität gebildet und umgebildet werden. Körperteile, die intensiv genutzt werden, entwickeln sich weiter, während nicht genutzte verkümmern. Die so entstandenen positiven Veränderungen waren erblich und wurde daher auf die nächste Generation übertragen. So wurden Eigenschaften und Verhaltensweisen genetisch erklärbar.[6] Zudem glaubte er, die Evolution würde durch eine Tendenz zu immer größerer Komplexität angetrieben werden, hin zu hoch entwickelten Lebewesen - Mikroskopisch kleine Organismen, die sich aus unbelebter Materie bilden.[7] Wenngleich seine Theorie mittlerweile widerlegt ist, war sie ein wesentlicher Ausgangspunkt für die Evolutionsforschung.

2.2 Evolutionstheorie nach Charles Darwin

1831 begann der englische Naturwissenschaftler Charles Darwin (1809-1882) seine fünfjährige Weltreise (1831-1836). Ziel dieser Reise war es, die südamerikanische Küste zu vermessen, um die Seekarten der britischen Marine zu aktualisieren.[8] Auf seiner Reise bemerkte Darwin, dass Tiere und Pflanzen sich merklich unterschieden. Zudem fand Darwin Fossilien, die gewisse Ähnlichkeiten zu heutigen Lebewesen aufwiesen. Auf den Galapagos Inseln fand er finkenähnliche Vogelarten. Diese hatte es vom Festland auf die Galapagos Inseln verirrt, dachte er und vermutete, dass sie sich danach verschieden entwickelt hatten.[9] Er beauftragte Vogelkundler, die Finken zu

---

[4] Wiesemüller, B./ Rothe, H./ Henke, W., 2003, S. 4.
[5] Lamarck, J.B., 1809, o.S.
[6] Lefèvre, W., 2001, S. 176-201.
[7] Lefèvre, W., 2001, S. 176-201.
[8] Hoßfeld, U./ Olsson, L., 2014, S. 101.
[9] Reece, J./ et. al., 2015, S. 604ff.

untersuchen, was Darwins Vermutung bestätigte.[10] So hegte er Zweifel an der kirchlichen Lehre und war sich sicher, dass die Erde deutlich älter sein muss und sich zudem stetig verändert. Es ist nicht auszuschließen, dass Darwins Erkenntnisse unter anderem durch das Werk „Principles of Geology" des Geologen Charles Lyell gefestigt wurden. Dennoch war es zur damaligen Zeit ein heikles Unterfangen diese Erkenntnisse kund zu tun, was dazu führte, dass Darwin seine Evolutionstheorie im Buch „Über die Entstehung der Arten" („Origin of Species") erst 23 Jahre später veröffentlichte.[11]

2.2.1 Erblichkeit und Selektion

Selektion beschreibt die natürliche Auslese der Individuen einer Art. Denn in einem ständigen Konkurrenzkampf ("Struggle for life") überleben nur diejenigen, die durch Zufall besser angepasst sind als ihre Artgenossen („survival of the fittest"). Diese Individuen zeugen Nachkommen und vererben dabei ihre Merkmale.[12] Allerdings ist zu beachten, dass, im Gegensatz zu Lamarcks Ansicht, eben nicht jedes Merkmal vererbbar ist. Erworbene Eigenschaften bspw. können nicht vererbt werden.[13]

Wie T. R. Malthus mit seiner Bevölkerungstheorie belegt und Augustin-Pyrame sowie Darwin in ihren Werken aufgreifen, ist ein Kampf ums Dasein unvermeidlich, da mehr Individuen erzeugt werden (Reproduktion), als möglicherweise fortbestehen können. Folglich leben alle Wesen in einem Verhältnis harter Konkurrenz.[14] Dabei kann jede Anpassung (Mutation) als Lösung eines oder mehrerer Probleme angesehen werden.[15] In der Biologie werden Anpassungen als genetisch bedingte Anpassung bezeichnet, die durch Mutation und Selektion entsteht.[16] Mutationen sind demnach die Ursache für die Veränderungen und Treiber der Evolution.[17] Herbert Spencer schreibt diese Änderungen 1852 in seiner „Schöpfung und Entwicklung organischer Wesen" dem Wechsel der Umstände zu.[18] Werden die Wesen neuen Lebensbedingungen ausgesetzt, so erfahren sie Änderungen. Die Anpassung ist somit ein Nebenprodukt der

---

[10] Storch, V.; Welsch, U.; Wink, M., 2013, S. 24f.
[11] Ayala, F., 2013, S. 13 ff.
[12] Darwin, C., 1860, S.138.
[13] Darwin, C., 2013, S.158.
[14] Darwin, C., 1860, S.62.
[15] Wrede, P./ Wrede, S., 2013, S.58.
[16] Zrzavý J./ et.al., 2013, o.S.
[17] Wrede, P./ Wrede, S., 2013, S.70.
[18] Darwin, C., 2016, S.6.

Selektion.[19] Des Weiteren sind Nachkommen der gleichen Eltern nie identisch. Es kommt zur individuellen Verschiedenheit, die Lubbock am Beispiels der Hauptnerven des Coccus nachgewiesen hat.[20] Gerade diese Verschiedenheiten werden oft vererbt und liefern so der natürlichen Zuchtwahl Material zur Einwirkung und zur Häufung.[21] Die Natur ist bestrebt vorteilhafte Abänderungen zu erhalten und strebt nach Vollkommenheit, sodass bei der natürlichen Zuchtwahl meist die Wahl auf die überlegensten Individuen fällt.[22] Überflüssige Merkmale werden so weniger oft vererbt, sodass diese nach und nach verschwinden. [23] Die oben erwähnte Erblichkeit ist demnach für die natürliche Zuchtwahl unerlässlich. Ferner wird dadurch die Divergenz der Charaktere gefördert.[24] Der Gradualismus sagt aus, dass eben jene Divergenz in einem langsam fortschreitenden Wandel mit nur geringen Veränderungen von statten geht.[25] Darwin spricht sich damit gegen eine sprunghafte Änderung der Arten aus (Salationismus) und übernahm damit die Theorie der Geologie. Eine wesentliche Erkenntnis Darwins war, dass es einen Zusammenhang zwischen der Entstehung neuer Arten und veränderten Umweltbedingungen gibt. Bspw. durch geografische Trennung werden sich Individuen einer Art über Generationen hinweg immer unähnlicher, bis sich letztlich verschiedene Arten darstellen[26] (siehe auch Haeckels generelle Morphologie und natürliche Schöpfergeschichte[27]). Die Aufspaltung der Art nennt man auch Kladogenese. Den Vorgang als solchen beschreibt Darwin als Descendenz mit fortdauernder Abänderung.[28]

Eines der wohl bekanntesten Beispiele hierfür sind die Darwin Finken. Diese Singvögel kommen in 13 verschiedenen Arten auf den Galapagosinseln und mit einer weiteren Art auf der 800 km nordöstlich liegenden Cocosinsel vor. Wie in Abbildung 1 zu sehen ist, unterscheiden sich die Arten in Größe, Schnabelbau und Lebensweise.

---

[19] Mayr, E., 2003, S. 188f.
[20] Darwin, C., 2016, S.53f.
[21] Darwin, C., 2016, S.53.
[22] Darwin, C., 2016, S.107.
[23] Darwin, C., 2016, S. 187.
[24] Darwin, C., 2016, S.126.
[25] Biesalski, H., 2015, S.4.
[26] Darwin, C., 2016, S.240ff.
[27] Darwin, C., 2016, S.417.
[28] Darwin, C., 2016, S.240ff.

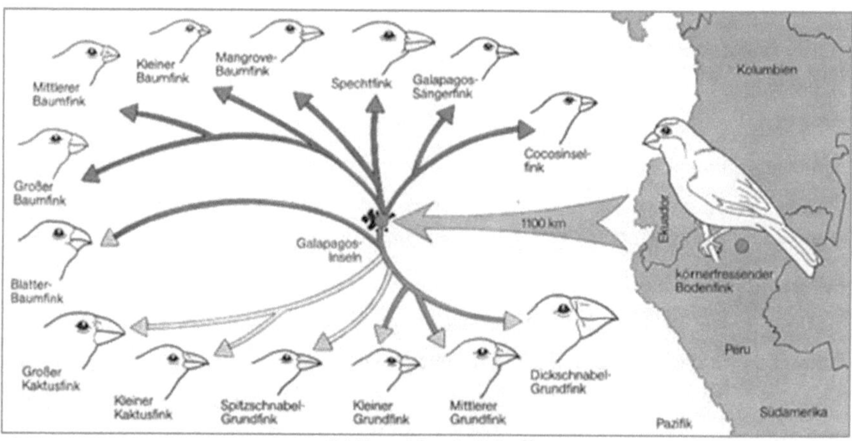

Abbildung 1 Darwin Finken[29]

Darwin vermutet, dass sie alle auf eine einzige Stammform zurückgehen, die vermutlich vor zwei bis drei Millionen Jahren im späten Tertiär vom Festland auf eine Galapagosinsel verschlagen worden ist (siehe Abbildung 1). Diese Vermutung hat sich 1999 durch biochemische und molekularbiologische Untersuchungen bestätigt. Der Cocosfink nahm vor weniger als einer Millionen Jahre sein Leben als baumbewohnenden Finke auf und ließ sich erstmalig auf den Galapagos-Archipels nieder.[30]

2.2.2 Gemeinsame Abstammung

Baers Überzeugung, die auf der geographischen Verbreitung der Arten begründete ist, sagt aus, dass jetzt vollständig verschiedene Formen Nachkommen einer einzelnen Stammform sind.[31] Diese gemeinsame Stammform lebte vor über einer Milliarde Jahren.[32][33]

Diese Überzeugung teilt Darwin in seiner Theorie der Abstammungslehre. Er beschreibt in seinem Werk, wie sich die unterschiedlichen Arten aus einer einzigen heraus entwickelten. Ein Ausschnitt dieser Abstammungshistorie ist in Abbildung 2 zu sehen.

---

[29] http://moodleemb.square7.ch/mediawiki-1.18.6/images/b/b8/Darwinfinken.jpg.
[30] Darwin, C., 1871, S.49ff.
[31] Darwin, C., 1860, S.8.
[32] Darwin, C., 1860, S.138 und 2016, S.31.
[33]. Ayala, F., 2013, S.86.

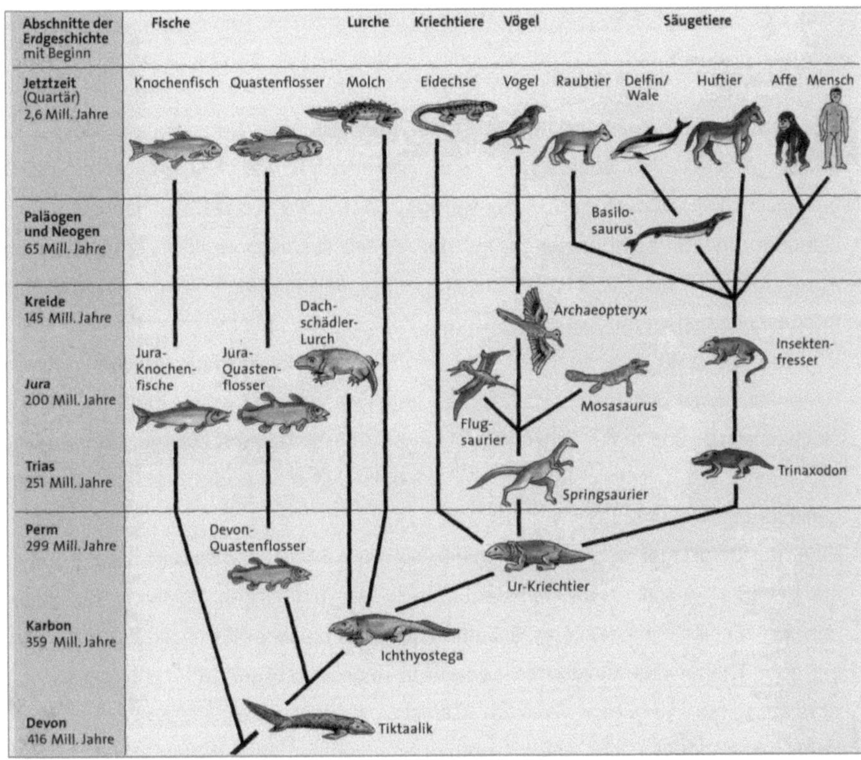

Abbildung 2 Abstammungslehre – ein grober Stammbaum[34]

Jede Astgabel stellt eine neue Art dar. Miteinander verwandte Arten weisen dabei viele gemeinsame Merkmale auf. Es ist jedoch zu berücksichtigen, dass es auch ähnliche Merkmale gibt, die sich unabhängig voneinander durch äußere Bedingungen entwickelten. Dies nennt man dann Konvergenz.[35]

---

[34] https://www.schulentwicklung.nrw.de/sinus/upload/Dokumentation2011/N4a/uebersicht.jpg.
[35] Vollmer, G., 2007, S. 237.

3. Evolutionsstrategie als technisches Optimierungsverfahren

3.1 Definition der Evolutionsstrategie

Bionik ist eine Wortkomposition aus **Bio**logie und Tech**nik**. Dabei verfolgt sie das Ziel, „durch Abstraktion, Übertragung und Anwendung von Erkenntnissen, die an biologischen Vorbildern gewonnen werden, technische Fragestellungen zu lösen."[36] Dadurch ergeben sich, basierend auf der Vielfalt der biologischen Vorbilder, enorme Antwortmöglichkeiten auf technische Fragestellungen.[37] Im Bereich der Informationsbionik und dort in der Untergruppe der Evolutionsbionik trifft man auf die ES. Die ES lässt sich ebenfalls von der Evolution (biologische Abläufe, Mutation, Rekombination, Selektion) natürlicher Lebewesen inspirieren, um mithilfe von stochastischen und metaheuristischen Optimierungsverfahren Lösungen für bestimmte Probleme zu entwickeln. Es handelt sich also um naturanaloge Optimierungsverfahren.[38]

Einer der Begründer ist George Friedman. Für seine Masterarbeit entwarf er 1956 eine nie gebaute Maschine, die mit dem Prinzip der natürlichen Selektion Schaltkreise entwickeln sollte.[39] Ein weiterer Mitbegründer ist der Italiener Barricelli, der sich intensiv mit dem Thema des künstlichen Lebens auseinandersetzte. 1954 entwickelte er ein Konzept, bei welchem durch Zahlen repräsentierte Wesen auf einem zweidimensionalen Gitter "leben" und durch Mutation und Reproduktion zu neuen Generation geformt werden. Er zeigte, dass Strukturen im Stande sind, sich selbst replikativ zu bilden, also sich selbst in die nächste Generation kopieren.[40] Zur gleichen Zeit war maschinelles Lernen ebenfalls ein interessantes Thema. So ließ 1950 der britische Informatiker Alan Turing verlauten: „Man muss mit dem Unterrichten einer Maschine herumexperimentieren und schauen, wie gut sie lernt. [...] Es gibt einen offensichtlichen Zusammenhang zwischen diesem Prozess und Evolution."[41] George Box, ebenfalls Brite, schlug 1950 vor die Produktion in Chemiefabriken zu optimieren. Als Statistiker hatte er die Idee durch Variation der Parameter wie Temperatur oder chemische Zusammensetzungen massive „Trial and Error" Experimente durchzuführen

---

[36] VDI-Gesellschaft Technologies of Life Sciences, 2012, o.S.
[37] Stober, A., 2018, o.S.
[38] Di Chio, C./ et al., 2012, o.S.
[39] Bentley, P./ Corne, D., 2002, S. 10.
[40] Rechenberg, I., 1994, o.S.
[41] Turing, A.M., 1950, o.S.

und die potenziellen Verbesserungen per Hand auszuwerten. Anschließend sollten die evaluierten Verbesserungen ebenfalls kombiniert und variiert werden. Man kann sich vorstellen, dass die Entscheidungsträger nicht sonderlich davon begeistert waren, an einer laufenden Produktion Versuche durchzuführen. Letztendlich wurde das Konzept bis Anfang der 1960er in mehreren Fabriken zur Steigerung der Produktivität angewandt.[42] 1960 griffen Ingo Rechenberg und Hans-Paul Schwefel[43] diesen Drang nach Optimierung und stetiger Evolution auf und formulierten die ES. Seit jeher gelten sie als die Begründer der ES. Gleichzeitig entwickelte J. H. Holland in den USA einen ähnlichen Ansatz, den genetischen Algorithmus[44]. Beide befassen sich mit der Aufgabe natürliche Prinzipien zu verstehen und daraus ökologisch verträgliche und optimierte technologische Lösungen zu evaluieren.[45] Die ES ist mittlerweile zu einer wichtigen Methode für die Industrie und der Forschung geworden.[46]

3.2 Mechanismus

Die ES durchläuft folgende Schritte:

3.2.1 Initialisierung der Startpopulation

Zu Beginn erfolgt eine Initialisierung, welche die Parametrisierung und Erstellung der Ausgangspopulation und ihrer Individuen umfasst. Die Variablen, die bei dem zu optimierenden Objekt verändert werden können, werden definiert. [47]

3.2.2 Variation der Variablen

Die vorab definierten Variablen werden zufällig innerhalb bestimmter Größen variiert und so über mehrere Generationen hinweg eine Anzahl neuer Lösungen erstellt. Jedem Individuum wird entsprechend des Zielwertes und im Vergleich zu den anderen Individuen eine „Fitness" zugewiesen. Darauf aufbauend werden die Individuen für die weitere Reproduktion ausgewählt. Unter Anwendung evolutionärer Operatoren und Rekombination werden wieder Individuen gezeugt. Dabei erfahren die Variablen der Individuen eine „kleine Störung" (Mutationsschritt).[48] Je nach Repräsentation der

---

[42] Fogel, D.B., 2005, S. 59.
[43] Rechenberg, I., 1973, o.S.
[44] Holland, J.H., 1975, o.J.
[45] Nachtigall, W. / Pohl, G., 2013, S.1.
[46] Auf Mischformen des ursprünglichen Konzeptes wird im Rahmen dieser Arbeit nicht eingegangen.
[47] Pohlheim, H., 2013, S.15f.
[48] Pohlheim, H., 2013, S.15.

Variable und der Zielfunktion, gibt es vier mögliche Verfahren zur Mutation,[49] welche in diesem Assignment jedoch nicht erörtert werden.

3.2.3 Selektion

Die Individuen werden anschließend bewertet und es werden diejenigen ausgewählt, die dem Optimierungsziel am nächsten kommen. Das bedeutet, dass jedem Individuum der Population unter Anwendung einer Fitnessfunktion eine „Fitness" zugewiesen werden muss. Diese Fitness setzt sich aus dem Zielfunktionswert des Individuums und aller anderen Individuen des Selektionspools, also alle Individuen die zur Auswahl als Eltern in Betracht gezogen werden, zusammen. Für die Fitnesszuweisung unterscheidet man verschiedene Verfahren (Proportionale, Reihenfolgebasierte, Mehrkriterielle) auf welche hier nicht weiter eingegangen wird.[50]

3.2.4 Abbruchkriterium

Im Laufe des Prozesses kommt es zur fortschreitenden Anpassung an die Zielstellung. Der Prozess wird, wie in Abbildung 3 gezeigt, solange wiederholt, bis das Abbruchkriterium erreicht ist. Das Abbruchkriterium kann dabei das Erreichen eines bestimmten Zielwertes, eine spezifische Anzahl von Generationen, das Verstreichen eines festgelegten Zeitrahmens oder das Ausbleiben von Fortschritt sein.[51]

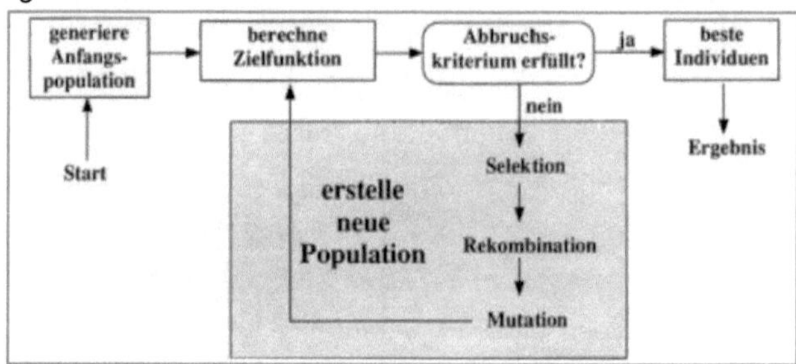

Abbildung 3 Ablauf eines Evolutionären Algorithmus[52]

Ein zentraler Begriff ist dabei die Zielfunktion. Sie befasst sich mit der Überlebenschance des Individuums im Hinblick auf die Zielerreichung. Somit ist jede Entwicklungsstufe eines technischen Objekts durch seine Parameter und der resultierenden Fitness gekennzeichnet.[53] Übertragen auf die Evolutionstheorie definiert die Zielfunktion, welche Individuen selektiert werden.

[49] Pohlheim, H., 2013, S.15.
[50] Pohlheim, H., 2013, S.16f.
[51] Pohlheim, H., 2013, S.7f.
[52] Pohlheim, H., 2013, S.9.
[53] Rechenberg, I., 1973, S. 46 und Kost, B., 2003, S. 11.

3.3 Basis-Algorithmen

Für die Modellierung des Prozesses der Selektion, Reproduktion, Rekombination, Mutation, Lokalität und Nachbarschaft sind Evolutionäre Algorithmen zuständig. Sie „ sind stochastische Suchverfahren, die an die Prinzipien der natürlichen biologischen Evolution angelehnt sind."[54] Das Ziel ist dabei immer bessere Individuen zu erzeugen, die am Ende wiederum zu einer guten Lösung für das Problem führen.[55] Dabei gibt es verschiedene Evolutionäre Algorithmen, deren Konzepte sich voneinander unterscheiden, wie die genetischen und evolutionären Algorithmen sowie die genetische und die evolutionäre Programmierung. Der methodische Ablauf insbesondere wie der Zufall modelliert wird, ist zwar bei all diesen Varianten gleich, dennoch unterscheiden sie sich in Punkten, wie bspw. in der Einbindung der Elterngeneration und der Anzahl der Nachkommen, wie Tabelle 1 zu entnehmen ist.

$(1 + \lambda)$ - ES	Der Algorithmus sagt aus, dass „1 Elter" λ mutierte Nachkommen erzeugen. „Elter" und Nachkommen werden anhand der Qualitäts- oder auch Zielfunktion bewertet. Das beste Individuum wird zum Elternteil der folgenden Generation ernannt.
$(1 , \lambda)$ - ES	Der Algorithmus sagt aus, dass „1 Elter" λ mutierte Nachkommen erzeugen. Hier werden jedoch nur die Nachkommen untereinander bewertet. Der beste Nachkomme wird dann zum Elternteil der folgenden Generation gekürt.
$(\mu + \lambda)$ - ES	μ Eltern erzeugen in willkürlicher Folge λ mutierte Nachkommen. Hier werden wieder sowohl Eltern als auch Nachkommen entsprechend der Zielfunktion evaluiert. Die μ besten Individuen werden zu Eltern der nächsten Generation.
(μ , λ) - ES	Ähnlich dem vorherigen Algorithmus erzeugen μ Eltern in willkürlicher Folge λ mutierte Nachkommen. Hier werden jedoch wieder lediglich die Nachkommen untereinander bewertet. Die μ besten Nachkommen werden zu Eltern der nächsten Generation.

Tabelle 1 Basis-Algorithmen[56]

Es wurden und werden für bestimmte Anwendungen geeignete Evolutionäre Algorithmen entworfen und verwendet. Die Abgrenzung verschwimmt dabei

---

[54] Pohlheim, H., 2013, S.7.
[55] Pohlheim, H., 2013, S.7.
[56] Nachtigall, W., 2002, S.364-367 und Rechenberg, I., 1994, S.46-48.

zunehmend. Tabelle 2 zeigt ein paar Kombinationen der oben gezeigten Basis-Algorithmen:

$(\mu, \lambda)^2$ – ES	Das Vorgehen ist analog dem des „(μ, λ) – ES"-Algorithmus. Der Exponent, in diesem Fall Quadrat, zeigt die Anzahl der durchzuführenden Generationswechsel.
$(\mu/r, \lambda)$ – ES	Das Vorgehen ähnelt dem des „(μ, λ) – ES"-Algorithmus. Der Unterschied liegt darin, dass hier jedes Elternteil nur $1/r$ Teile seiner Erbinformationen weitergibt. Um ein Nachkommen zu erzeugen müssen also r Elter kombiniert werden. Dies kommt der sexuellen Fortpflanzung der biologischen Evolution sehr nahe.
$(\mu', \lambda')(\mu, \lambda)\gamma$ – ES	Dieser etwas komplexere Algorithmus beschreibt, dass μ' Elter λ' mal kopiert werden. Diese Kopien werden in γ Generationen aufgeteilt und isoliert. In jeder der γ Generationen generiert jede isolierte Population λ Nachkommen. Bei jedem Durchgang wird die Fitness berechnet und die μ Fittesten der Nachkommen werden in die nächste Generation überführt. Nach den γ isolierten Generationen wird die beste der λ' Populationen ausgewählt und als folgende Elternpopulation herangezogen und erneut λ' mal kopiert.

Tabelle 2 Erweiterte Basis-Algorithmen[57]

---

[57] Nachtigall, W. 2002, S. 364-367 und Rechenberg, I., 1994, S. 46-48.

3.4 Zentrale Gesetz des evolutionären Fortschritts

Die zentrale Frage, die die ES zu beantworten hat ist, wie schnell sich die Evolution zu ihrem Zielpunkt hinbewegt. Bildlich kann man sich diesen Vorgang mit der Besteigung eines Berges vorstellen (siehe Abbildung 4). Die Geschwindigkeit mit der man den Berggipfel erreicht nennt man Fortschrittsgeschwindigkeit φ.[58]

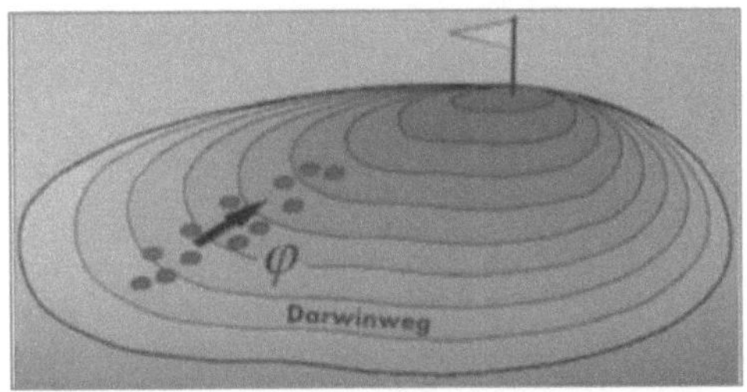

Abbildung 4 Der Darwinweg[59]

Die ES verwendet vorgefertigte mathematische Strukturen. Dabei muss man nicht das gesamte Gebirge kennen, da von starken kausalen Zusammenhängen ausgegangen wird. Dementsprechend genügt es die lokale Beschreibung des stark kausalen Verhaltens zu kennen.[60] Während die Ziel- oder auch Qualitätsfunktion über der gesamten Optimierung hinweg gleich bleibt, muss die Mutationsschrittweite der entsprechenden Situation angepasst werden. Sie stellt die zentrale Größe der ES dar.[61] Die Geschwindigkeitsformel $v = \frac{Weg}{Zeit}$ wird durch Adaption der Strategieparameter zu einer ES. Für die Fortschrittsgeschwindigkeit sieht die Berechnung also wie folgt aus:

$$\varphi = \frac{Zur\ddot{u}ckgelegter\ Weg\ zum\ Ziel}{Anzahl\ der\ Generationen}$$

Die Berechnung hängt von der Form des Berges ab, da diese Einfluss auf den Weg hat. Ist der Berg sehr „holprig" ist der Weg zwangsläufig länger. Ferner lässt sie sich in Abhängigkeit der Größe der Mutationsschrittweite berechnen. Hierfür bringt Rechenberg den Begriff des Evolutionsfensters ins Spiel, das in der nachfolgenden Abbildung gezeigt wird.

---

[58] Rechenberg, I., 2014 und Rechenberg, I., 1994, S. 36f.
[59] Rechenberg, I., 1994, S. 37.
[60] Rechenberg, I., 2014 und Rechenberg, I., 1994, S. 36f.
[61] Nachtigall, W., 2002, S. 368.

Jasmin Stapelfeldt

Evolutionäre Algorithmen*1

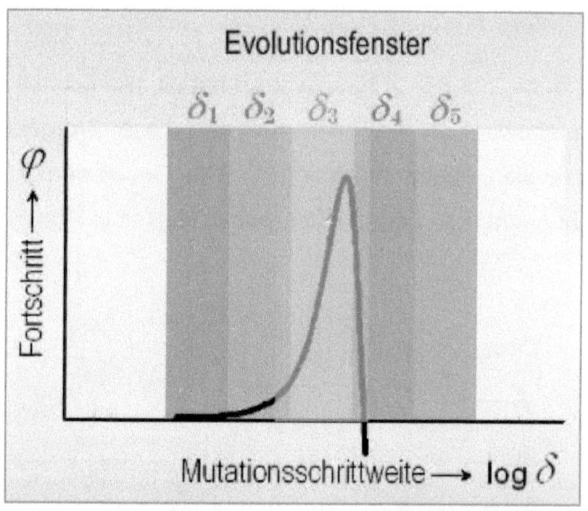

Abbildung 5 Das zentrale Fortschrittsgesetz der Evolutionsstrategie[62]

Die Graphik in Abbildung 5 zeigt die spezifische Mutationsschrittweite δ in Abhängigkeit zur spezifischen Fortschrittsgeschwindigkeit φ.[63] Das Evolutionsfenster (der gelbliche Bereich im Bild) zeigt an, wann eine Evolution stattfindet. Im Verhältnis zur gesamten Mutationsschrittweite ist dieser Bereich relativ schmal. Zu große Mutationsschritte ziehen oft einen Rückschritt mit sich, während zu kleine Stagnation auslösen. Die Kunst besteht darin, die richtige Schrittweite zu wählen und somit stets ins Fenster zu zielen.[64] Um die ideale Schrittweise zu ermitteln, bedarf es Vergleiche zwischen veränderten Mutationsschrittweiten, die als Varianten des Evolutionsalgorithmus dienen. Dabei selektiert man die Schrittweiten mit dem größten und schnellsten Fortschritt und versucht so das „Fitnessgebirge" zu erreichen.[65] Das Problem an diesem Vorhaben ist, dass die genauen Zusammenhänge für beliebige Zielfunktionen nicht bekannt und ortsabhängig sind. Um dennoch die Anpassung der Schrittweite im Verlauf der Optimierungsevolution ermitteln zu können, kann man Rechenbergs Strategie mit der 1/5 Erfolgsregel zu Hilfe nehmen.[66]

---

[62] Rechenberg, I., 1994, S. 37.
[63] Rechenberg, I., 1994, S. 37 und Nachtigall, W., 2002, S.369.
[64] Nachtigall, W., 2002, S. 369.
[65] Rechenberg, I., 1994, S. 39.
[66] Kost, B., 2003, S. 118.

3.5 Schwache und starke Kausalität

Mathematische Modelle wie die ES erfordern eine gewisse Ordnung, andernfalls lassen sind Prognosen und somit auch Optimierungen kaum erzielen.[67]

Von Kausalität spricht man, wenn auf eine Ursache immer eine zeitlich nachfolgende Wirkung folgt.[68] Starke Kausalität ermöglich eine Vorhersage von lokaler Ordnung,[69] was bedeutet, dass die Wirkung korrekt bestimmt werden kann, wenn man die Ursache vollumfänglich kennt. Gleiches gilt umgekehrt. Das Kausalitätsprinzip sagt demnach aus, dass gleiche Ursachen die gleichen Wirkungen haben.[70] Demnach ist das Kausalitätsprinzip deterministisch.

Weisen gleiche Ursachen stets die genau gleiche Wirkung auf, spricht man von schwacher Kausalität. Schwache Kausalitäten sind in der Natur jedoch kaum zu finden und eher von theoretischer Natur. Selbst unter Laborbedingungen, lassen sich bei der Wiederholung eines Experiments nie identische Ausgangsbedingungen herstellen. Ferner sind die Ergebnisse zwar reproduzierbar aber im Ergebnis nur ähnlich. Haben ähnliche Ursachen ähnliche Wirkungen, spricht man von starker Kausalität. Folglich ist unsere Welt generell stark kausal organisiert ist. Es ist lediglich wichtig zu verstehen, wie stark die Wirkung von der Ursache und deren Änderungen abhängt. [71]

3.6 Erzeugung von Zufallszeiten.

Es wurde bereits erwähnt, dass Mutationen in der Natur zufällig auftreten und aufgrund ihrer Komplexität schwer vorhersehbar sind. Zudem gibt es in der Natur keine echte Zielfunktion. Trotzdem muss man den Zufall bei einer Simulation einfließen lassen, um die biologischen Vorgänge und die Evolution möglichst naturgetreu zu simulieren.[72] Somit kommen die Zufallszahlen ins Spiel. Sie werden in „echte" und „Pseudo-" Zufallszahlen unterschieden. Echten Zufallszahlen sind Werte, welchen immer ein physikalischer Vorgang zugrunde liegt. Beispiele hierfür sind Münzwürfe, Würfel, radioaktive Zerfallsprozesse oder quantenphysikalische Effekte. Sie sind nicht-deterministisch, da sie auch bei gleichen Ausgangsbedingungen unterschiedliche Werte

---

[67] Rechenberg, I., 1994, S. 36.
[68] Saporiti, K., 2017, S. 43ff.
[69] Rechenberg, I., 1994, S. 36.
[70] Rechenberg, I., 1994, S. 126 und Köhler-Buchmeister, M., 2008, S. 12.
[71] Rechenberg, I., 1994, S. 126.
[72] Rechenberg, I., 1994, S. 204.

liefern. Pseudo-Zufallszahlen hingegen sind wie der Name schon sagt nicht wirklich zufällig. Hier findet man weitere Verfahren für die Erzeugung von (Pseudo-) Zufallszahlen. Bspw. stehen verschiedene softwaretechnische, hardwaretechnische, aber auch manuelle Methoden zur Verfügung,[73] auf welche im Rahmen dieser Arbeit jedoch nicht im Detail eingegangen wird.

Man kann bspw. einen Zufallsgenerator verwenden, welcher mithilfe eines Algorithmus bei gleichen Ausgangsbedingungen die gleichen Werte liefert. Ein drittes Beispiel wäre die Verwendung von Excel. Dort kann man „zufällige" Zahlen eingeben oder die Excel-Zufallsgenerierung verwenden. Nach Festlegen der Parameter wie Anzahl der Variablen und Anzahl der Zufallszahlen und der Verteilung für die Generierung der Zufallszahlen, erhält man die Pseudo-Zufallszahlen. Pseudo-Zufallszahlen sind deterministisch, sehen aber zufällig aus. Theoretisch wären sie reproduzierbar. Obwohl sie nicht wirklich zufällig sind, verfügen sie über ähnliche statistische Eigenschaften, wie einer gleichmäßigen Häufigkeitsverteilung oder eine geringe Korrelation. Ihr Vorteil liegt darin, dass sie sich deutlich leichter von Computern erzeugen lassen und in der Regel verfügen sie über eine ausreichende Güte.

Wie bereits erwähnt, basiert die ES auf einem mathematischen Algorithmus. Die Berücksichtigung des Zufalls muss ein rationales Verfahren sein mit dem Ziel die Testpunkte im hochdimensionalen Raum gleichmäßig um den „Elter" zu positionieren. Somit erfolgt eine Mutation bei der ES nach dem Prinzip der statistischen (Gauß-) Normalverteilung. Dies bedeutet, dass die Zufallszahlen normalverteilt (Glockenkurve) mit dem Mittelwert 0 und der Standardabweichung σ sind. Rechenberg hebt diese symmetrischen Variationen hervor und sagt er müsse sich „über Evolutionsstrategen wundern", die selbst bei der eindimensionalen Optimierung (mutativen Schrittweitenregelung) auf den Zufall bestehen.[74] Er ist der Meinung, dass dem Zufall bei der ES selbst keine Rolle zufallen müsste, denn im Mittelpunkt steht die Entwicklung eines Verfahrens, das Testpunkte so setzt, dass räumlich und zeitlich richtungsneutral ist. Dies würde durch normalverteilte Zufallsvariablen erreicht werden.[75] Folglich kann man sagen, dass der Zufall als solcher gar kein echter Zufall ist, sondern ein Pseudozufall.

---

[73] Suhl, L.; Mellouli, T., 2013, S. 291ff.
[74] Rechenberg, I., 1994, S. 204.
[75] Rechenberg, I., 1994, S. 223.

Jasmin Stapelfeldt
Evolutionäre Algorithmen*1

3.7 Stärken und Schwächen der Evolutionsstrategie

Schwächen der ES sind die Aufstellung einer korrekten Zielfunktion und die richtige Wahl der Mutationsschrittweise, wie in Kapitel 3.4 erläutert. Ferner muss das richtige Vorgehen für die Fitnesszuweisung gewählt werden. Die proportionale Fitnesszuweisung ist bspw. sehr problematisch. Weisen wenige Individuen einen niedrigen Zielfunktionswert auf, würden die Guten stark bevorzugt werden, da diese einen vergleichsweise hohen Fitnesswert bekämen. Folglich würden die Guten sehr viele Nachkommen produzieren, während die schlechten kaum eine Chance bekämen. Die Variabilität in der Population würde sehr schnell verloren gehen, was zu einem hohen Selektionsdruck führt. Zudem wird die Differenzierung zwischen den Fitnesswerten erschwert. Die Selektion wäre dem Zufall überlassen. Der Selektionsdruck stagniert und ein „Steckenbleiben" tritt ein.[76] Zudem muss, aufgrund der Tatsache, dass bei der ES schlechtere Nachkommen nicht in den weiteren Evolutionsprozess eingebunden werden, stets eine starke Kausalität herrschen.[77] Ist dies erfüllt, kann das Optimum schneller ermittelt werden, denn das lokale Optimum wäre gleichzeitig das globale Optimum. Ist Dies jedoch nicht der Fall, kann durch Variation der Schrittweite oder bspw. durch Kombination verschiedener Algorithmen das Problem kompensiert werden.[78] Jedoch ist dies sehr aufwendig und zeitintensiv. Somit stellt diese Abhängigkeit von starker Kausalität sowohl eine Schwäche als auch eine Stärke dar.

Die ES entstand zu einer Zeit, in der Optimierungsexperimente ohne Computermodell durchgeführt wurden..[79] Doch die ES ist laut Rechenberg vor allem dort von Vorteil, wo Wissen fehlt. Denn ist das Problem unerforscht, der Anwender unerfahren, liegen die Variablen in einer unüberschaubaren Menge vor oder ist gar das Problemlösungsverfahren unbekannt, kann die ES angewendet werden. Ferner stellte sich heraus, dass die ES gegenüber herkömmlichen mathematischen Verfahren bessere Ergebnisse erzielt.[80] Sie ist ein leistungsstarkes Instrument zur universellen Optimierung, ganz gleich, ob es sich um eine technische, wirtschaftliche oder musikalische Optimierung handelt.[81]

---

[76] Pohlheim, H., 2013, S.17f.
[77] Jakob, W., o.J.
[78] Rechenberg, I., 1994, S. 151ff.
[79] Rechenberg, I., 1994, S. 217.
[80] Rüter, M., 2015, o.S.
[81] Rechenberg, I., 1994, S. 218 und Pohlheim, H., 2013, S.9.

Jasmin Stapelfeldt

Evolutionäre Algorithmen*1

3.8 Evolutionstheorie und Evolutionsstrategie

Die ES nutzt die Prinzipien der biologischen Evolution wie Population, Reproduktion und Variation, sowie die Selektion,[82] und wird als technisches Optimierungsverfahren eingesetzt.[83] Doch es gibt einige Unterschiede zwischen der Evolutionstheorie und der ES. Um diese darzustellen, werden die Theorien von Charles Darwin aus Kapitel 2 der ES in Tabelle 3 stichpunktartig gegenübergestellt.

Evolutionstheorie	Evolutionsstrategie
- Evolutionsprozess selbst Teil der Evolution - Umweltbedingungen nicht konstant - Natürlicher Systeme weisen hohe Komplexität auf	- Treibende Kraft: Ändernde Umweltbedingungen - Initialisierung und Abbruchkriterium eingebaut - Strategieparameter und Zielfunktion konstant - Systeme weisen geringere Komplexität auf - Berücksichtigt bspw. nicht die selbstorganisierte Spezialisierung von Zellen von mehrzelligen Individuen
- Zahl der Nachkommen größer als zur Arterhaltung notwendig - Prozess der fortschreitenden Veränderungen - Nachkommen sind besser an die Lebensbedingungen angepasst (Natürlicher Selektionsdruck)	- Populationsgröße (siehe Kapitel 3.3) wird gewählt - Prozess der „zufälligen" Veränderung - Verzichtet auf natürlichen Selektionsdruck - Selektion entsprechend der Algorithmen
- Keine Kausalität - Optimierungsziel nicht definiert → keine mathematische Zielformulierung → Messung von Optimierungserfolg nicht möglich	- Benötigt starke Kausalität - Optimierung in kleinen Schritten - Mathematisches Modell mit vorab definierter Zielfunktion → Selektionskriterien ist operationalisierbar - Zufall kein wirklicher Zufall (Kapitel 3.6)

Tabelle 3: Vergleich der natürlichen Evolution mit der Evolutionsstrategie[84]

---

[82] Weicker, K., 2007, S. 39.
[83] Hildebrand, L., 2001, S.14.
[84] Eigene Darstellung in Anlehnung an die zuvor erarbeiteten Ergebnisse

4. Praxisbeispiele der Evolutionsstrategie

4.1 Optimierung 90° Rohrkrümmers

Wer mal ein verstopftes Abflussrohr am Waschbecken hatte oder sich mit Lüftungsrohren beschäftigt, hat sich das ein oder andere Mal die Frage gestellt, warum diese Rohre in der Regel in einem viertel Kreis gebogen sind. Wirft man einen Blick in die Natur, entdeckt man die über Millionen von Jahren entstandene Mäanderform. Sie charakterisiert sich dadurch, dass die Energieverluste des Fließgewässers minimal sind.[85] Dieses Merkmal könnte man auf die Abflussrohre übertragen und so die Verluste von Strömungsenergie minimieren.[86]

Es gilt die Biegeradien (R1...Rn) so anzupassen, dass der Druckverlust (Δp) minimal wird. Das spezifische Merkmal der Mäanderform soll dabei auf die Abflussrohre übertragen werden und so den Druckverlust minimieren.[87] Nach dem Aufstellen der Zielfunktion beginnt das Optimierungsexperiment.[88] In der folgenden Abbildung 6 ist die Ausgangsituation schematisch dargestellt.

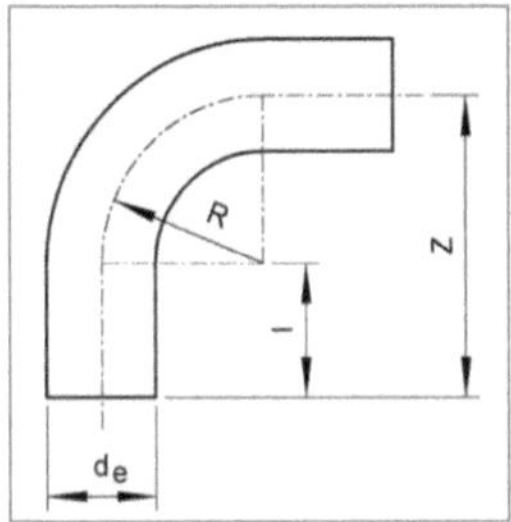

Abbildung 6 Startposition[89]

Das Experiment wird analog dem Mäander-Prinzip durchgeführt. Das bedeutet, dass zuerst geeignete Fließgewässer-Mäander in der Natur ausgemessen werden. Anschließend werden die geometrischen Daten auf die Rohrkrümmer im Experiment übertragen. Der Grund für dieses Vorgehen könnte sein, dass ein rein mechanisch-experimentelles Vorgehen aus zu teuer wäre.

Bei jeder neuen „Population" von Rohrkrümmern, wurde die Druckdifferenz gemessen. Entsprechend der ES wurden immer jene Rohrkrümmer in die nächste „Population" übernommen, die die kleinsten Strömungsverluste aufwiesen, um sich so der Zielfunktion zu nähern. Abbildung 7 zeigt diesen Optimierungsprozess.

---

[85] Lange, E./ Kippels, D., 2007, o.S.
[86] Nachtigall, W./ Wisser, A., 2013, S. 226.
[87] Nachtigall, W./ Wisser, A., 2013, S. 226.
[88] Küppers, U., 2009, S. 345.
Auch wenn es sich hier um ein anderes, als dem hier beschrieben Experiment handelt, ist die Zielfunktion die gleiche. Bei beiden geht es um den hohe Strömungsverlust aufgrund eines 90° Rohrkrümmers in der Transportstrecke. Der Unterschied liegt in der Form begründet. So ist das Rohr des Experiments 2009 rund und nicht eckig.
[89] https://www.kunststoffrohrsysteme.de/images/produkte/4/1993517_z1.jpg.

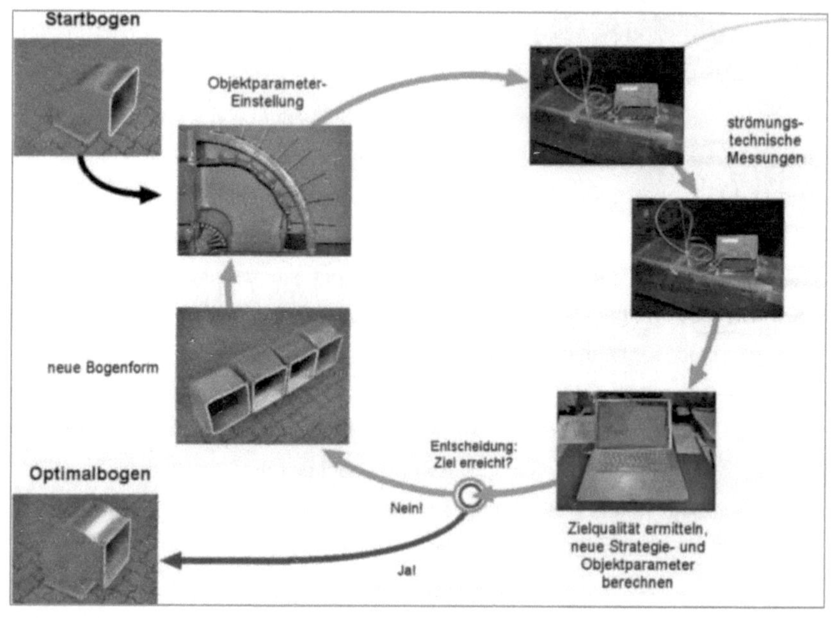

Abbildung 7 Optimierungsprozess[90]

Nach weniger wie zwanzig Nachkommen konnte ein Strömungsverlust von 3-23% gegenüber den herkömmlichen 90° Rohrkrümmern erzielt werden.[91]

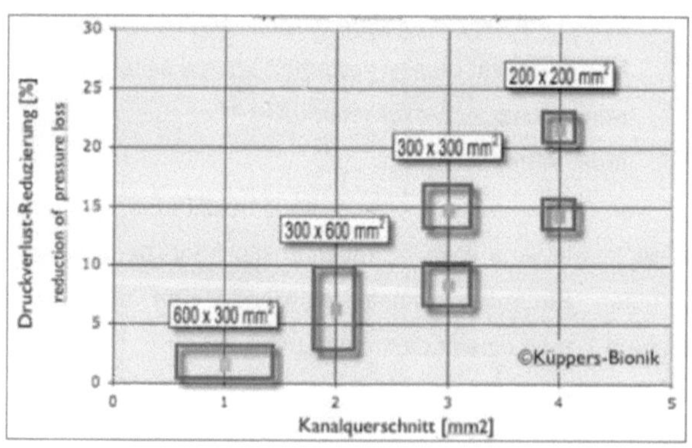

Abbildung 8 Ergebnisse erster strömungstechnisch optimierter Bogen Geometrien[92]

Die relativ große Anzahl an Variationen liegt in den unterschiedlichen Rohrquerschnitten begründet. Dieser hat unmittelbaren Einfluss auf das Ergebnis. Abbildung 8 zeigt, dass je kleiner der Querschnitt ist, desto exponentiell größer ist die Druckverlustreduktion.[93]

---

[90] Küppers, U., 2007, S.36.
[91] Küppers, U., 2007, S. 36.
[92] Küppers, U., 2009, S.346.

Jasmin Stapelfeldt

Evolutionäre Algorithmen*1

4.2 Optimierung einer Produktionssteuerung

Steigende Energiekosten und Rohstoffverknappung, die geforderte Reduktion von Treibhausgasemissionen haben zu einem zunehmenden Trend von erneuerbaren Energien geführt. Die Produktionssteuerung und damit auch die Unternehmen befinden sich in einem Spannungsfeld zwischen Energie und Klima. Insbesondere energieintensive Branchen suchen neue Ansätze, um energieeffizient zu produzieren und somit den steigenden Kosten Herr zu werden.[94] Die Entwicklung einer solchen energieeffizienten Produktionssteuerung soll untersucht werden. Bei der hierfür verwendeten Beispielanlage handelt es sich um eine Produktionsanlage für Kunststoffspritzgussteile, welche jedoch nicht auf einer realen Produktionsanalage basiert. Grund hierfür ist, dass die Untersuchung frei von Einschränkungen stattfinden soll. Es stehen fünf baugleiche Spritzgussmaschinen in der Anlage.[95] Nach der Herstellung durchlaufen die Teile einen Prüfprozess, wonach sie bis zur wöchentlichen Auslieferung eingelagert werden. Alle sieben Tage werden die Artikel ausgeliefert. Sollten die entsprechenden Mengen nicht verfügbar sein, werden diese nachgeliefert. Die einzelnen Prozesse sind über automatisierte Förderbänder miteinander verbunden. Es werden vier verschiedene Produkte produziert. Zwei sind aus Polypropylen und zwei sind aus Polyoxymethylen. Die Zykluszeit beträgt 60 Sekunden.[96] Ziel ist es den Produktionsprozess kosteneffizient zu gestalten und dabei keine Defizite bei allen anderen Größen wie Bestand, Auslastung und Durchlaufzeit zu erhalten. [97] Das Modell für den Materialfluss erfolgen mittels SIMFLEX/3D. Die Spritzgussmaschine sowie die Prüfanlage werden dabei mit dem Baustein „Maschine" dargestellt. Jeder Maschine ist ein stochastisches Störverhalten zu Grunde gelegt. Die mittlere Zeit zwischen Fehlern beträgt 100 Minuten, während die mittlere Reparaturzeit 10 Minuten beträgt. Die Verfügbarkeit einer Maschine beträgt damit 90,91%. Die Rüstzeit aller Maschinen beträgt in Summe etwa eine Stunde. Die automatisierte Fördertechnik beruht auf Stauförderer und Weichen. Die Auslieferung wird mittels eines Steuerbausteins simuliert. Die Aufträge werden ebenfalls stochastisch mit einem Zufallszahlenstrom für

---

[93] Auch wenn die Erkenntnisse aus einem Experiment mit einem runden Rohrkrümmer stammen, können sie auf einen eckigen Rohrkrümmer übertragen werden.
[94] Junge, M., 2007, S.165.
[95] Junge, M., 2007, S.94.
[96] Junge, M., 2007, S.94.
[97] Junge, M., 2007, S.98.

Jasmin Stapelfeldt

Evolutionäre Algorithmen*1

je eine Woche ermittelt. Dabei wird die maximale Kapazität der Anlage berücksichtigt, um Engpässe zu vermeiden.[98] Aufwärmphasen von Maschinen werden nicht berücksichtigt.[99] Abbildung 9 zeigt das daraus entstandene Simulationsmodell.

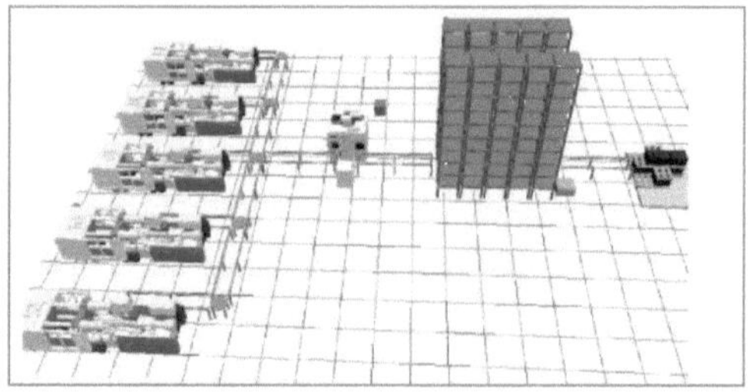

Abbildung 9 Simulationsmodell[100]

Die Produkte (Zeile 2 Bauteil A und Zeile 3 Bauteil B') basieren auf Literaturwerten und umfassen folgende Werte:

Masse	Zykluszeit	Gesamt-energie-verbrauch	Spezifischer Energie-verbrauch	Wärme-abgabe durch Konvektion (27%)	Wärme-abgabe durch Strahlung (9%)	Emissionen
0,14kg	60 sec	0,327kWh	2,338 kWh/kg	0,088 kWh	0,029 kWh	22,5mg/ Zyklus
0,20kg	60 sec	0,406 kWh	2,028 kWh/kg	0,109 kWh	0,036 kWh	45,0mg/Zyklus

Tabelle 4 Parameter[101]

Das thermische Gebäudemodell wurde mithilfe von TRNSYS modelliert und entspricht einer einfachen Industriehalle. Die Grundfläche beträgt 4x15x15 Meter (hxbxt) mit einem Raumvolumen von 9000m³ und einer Wärmekapazität der Luft von 2160 kJ/K. Das Gebäude weist keine Undichtigkeiten auf, verfügt über eine mechanische Lüftung und eine konvektive Raumheizung mit einer Maximalleistung von 1000 kW. Die Luftwechselrate wurde auf 2/h eingestellt.[102]

---

[98] Junge, M., 2007, S.94f.
[99] Junge, M., 2007, S.97.
[100] Junge, M., 2007, S.94.
[101] Eigene Darstellung in Anlehnung an Junge, M., 2007, S.95ff.
[102] Junge, M., 2007, S.98.

Jasmin Stapelfeldt

Evolutionäre Algorithmen*1

Die Anlage wird sieben Tage die Woche in drei Schichten betrieben.[103] Zunächst werden die jeweiligen Simulationsmodelle isoliert betrachtet. Dabei wurde im ersten Schritt die Simulation mit konstanten Werten durchgeführt. Es wurden alle Störungen deaktiviert und lediglich ein Produkt gefertigt. Es waren somit keine stochastischen Einflüsse vorhanden.[104] Nach diesem ersten Validierungsschritt wurde das gesamte System mit den gekoppelten Simulationsmodellen simuliert. Insgesamt wurden vier Wochen bei einem Betrieb von drei Schichten sieben Tage die Woche simuliert.[105]

In Abbildung 10 sind die Ergebnisse des ersten Schritts dargestellt.

	Simulation	Statische Berechnung	Abweichung [%]
Arbeiten [%]	100	100	0
Störung [%]	0	0	0
Rüsten [%]	0	0	0
Mittlere Durchlaufzeit [min]	5.040	5.040	0
Mittlerer Bestand [Stck]	25.200	25.200	0

Abbildung 10 Ergebnisse der Materialflusssimulation mit konstanten Werten[106]

Da wie in Abbildung 10 keine Abweichungen zu erkennen sind, kann man schlussfolgern, dass der Materialfluss an sich keine grundsätzlichen Fehler beinhaltet. Das Ziel war es den Prozess kosteneffizient zu gestalten.[107] Nach der Simulation „aller Generationen" mit Anwendung der ES zeigte sich, dass eine Reduzierung des Heizenergiebedarfs von bis zu 26,5% kostenfördernd ist. Zudem kann man basierend auf der Untersuchung die Stromkosten beziehungsweise die angebotsabhängige Strombereitstellung an die Produktionssteuerung anpassen[108] und so weitere Kosten einsparen.

---

[103] Junge, M., 2007, S.94f.
[104] Junge, M., 2007, S.101f.
[105] Junge, M., 2007, S.94f.
[106] Junge, M., 2007, S.102.
[107] Junge, M., 2007, S.98.
[108] Junge, M., 2007, S.165.

4.3 Optimierung des Querbalkens einer Portalfräsmaschine

Das letzte Beispiel ist aus dem Werkzeugmaschinenbau. Es handelt sich um die Optimierung einer Portalfräsmaschine, bei welcher der Querbalken optimiert werden soll. Der Querbalken ist eine wichtige Strukturkomponente der Portalfräsmaschine und stützt sowohl den Kreuzschlitten als auch den Z-Schieber (siehe Abbildung 11).

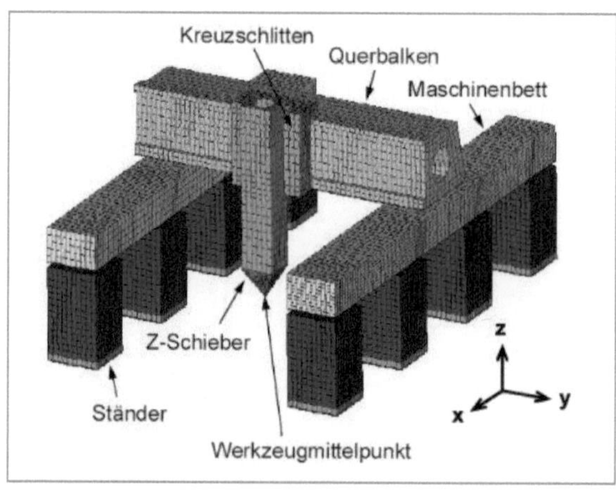

Abbildung 11: Beispiel eines Querbalkens in einer Portalfräsmaschine[109]

Es gilt diesen Querbalken so zu optimieren, dass er kosteneffizienter wird und die Portalfräsmaschine zudem ein verbessertes dynamisches Verhalten aufweisen kann.

Ausgangspunkt sind zwei der in Abbildung 11 dargestellten Portalfräsmaschinen.

Für eine hohe Fertigungsgenauigkeit bei großer Zerspannungsleistung muss sowohl das statische, als auch das dynamische Maschinenverhalten berücksichtigt werden. Dabei ist das Maschinenverhalten von der Masse, der Steifigkeit und der Eigenfrequenz der Maschine abhängig. Bei einer Maschine wird die Masse des Querbalkens mit Zufallszahlen variiert und die Steifigkeit konstant belassen. Bei der zweiten Maschine wird die Masse konstant und die Steifigkeit durch Wandstärkenoptimierung mit Zufallszahlen variiert. Die Zufallszahlen basieren auf aktuell vorkommenden Kombinationen von Masse und Steifigkeit von Querbalken für Portalfräsmaschinen. Ziel ist es diejenige Masse ausfindig zu machen, die bei kleinster Masse die beste Steifigkeit und das beste dynamische Verhalten der Portalfräsmaschine aufweist. [110]

---

[109] Seiler, M., 2012, S.115.
[110] Seiler, M., 2012, S.113ff.

Jasmin Stapelfeldt

Evolutionäre Algorithmen*1

Aus Kosten- und Zeitgründen wird diese ES Anwendung mittels einer Simulation in MATLAB durchgeführt. Bereits nach 5 Durchläufen ergab sich eine Reduktion der Masse bei gleicher Steifigkeit und erhöhter Eigenfrequenz der Maschine, was zu einem optimierten Maschinenverhalten geführt hat. [111]

Durch die Massenreduktion können Materialkosten eingespart werden, womit sich das Ziel der Kosteneffizienz ebenfalls erfüllt hat. Insgesamt kann die Masse um 18,5% reduziert werden. Im Versuch mit der zweiten Maschine, wo die Steifigkeit durch Wandstärkenoptimierung verbessert wurde, konnte lediglich eine Massenreduktion von 8% realisiert werden.[112]

---

[111] Seiler, M., 2012, S.113ff..
[112] Seiler, M., 2012, S.114 ff.

5. Zusammenfassung und Fazit

Charles Darwin befasste sich mit dem Genie der Natur. Er entdeckte das Selektionsprinzip, Mutationen des Erbguts durch Rekombination und untersuchte den Drang allen Lebens sich an jegliche Bedingungen anzupassen. Diesen Drang der stetigen Evolution griff Ingo Rechenberg auf und formulierte seine ES. Sie befasst sich mit der Aufgabe natürliche Prinzipien zu verstehen und daraus ökologisch verträgliche und optimierte technologische Lösungen zu evaluieren.[113] Sie ist ein stochastisches Such- und Optimierungsverfahren[114] und trotz der Tatsache, dass sie ein halbes Jahrhundert alt ist, durchaus aktuell. Dieses Assignment verfolgt das Ziel die ES zu verstehen, anzuwenden und ihre Stärken und Schwächen zu erörtern. Daher wurde eine Einführung in die Evolutionstheorie von Charles Darwin sowie in die ES geboten. Die Unterschiede der Zweien wurden herausgearbeitet, sowie die Stärken und Schwächen der ES aufgezeigt. Der Mechanismus als technisches Optimierungsverfahren wurde an drei Praxisbeispielen erläutert.

Trotz nachweisbarem Erfolg scheint die ES kaum Verbreitung oder Akzeptanz gefunden zu haben, was die Anzahl an Publikationen untermauert. Sie weist extreme Stärken in interdisziplinären Bereichen auf und kann sowohl in der Technik, Wirtschaft und Kunst angewendet werden. Sie weist eine hohe Flexibilität auf. So wurden bspw. ihre evolutionären Algorithmen miteinander kombiniert und weiter-entwickelt. Sie ist unabhängig von der reinen Computersimulation und dennoch schließt sie diese nicht aus. Was zum Zeitpunkt ihrer Entstehung 1950 undenkbar erschien, ist heute möglich. Die Computer sind so leistungsfähig geworden, dass sie Simulationen selbstständig berechnen können. Mittlerweise existieren zahlreiche Simulationstools wie MATLAB, die die Berechnungen übernehmen können. [115] Neben diesen Stärken weist die ES auch Schwächen auf, dennoch erscheinen diese nicht Grund genug für die schwache Verbreitung zu sein. Die Evolutionstheorie wurde im Rahmen der Arbeit lediglich überblicksartig dargestellt. Wieso die ES also keinen revolutionären Ruf genießt, gilt es in einer Anschlussarbeit zu erörtern. Dennoch ist eins sicher: für die damalige Zeit ebenso wie Heute konnte und kann die ES Großes leisten und stellt somit ein sehr gutes Optimierungsverfahren dar. Zukünftig könnte sie durch ihre Orientierung an der

---

[113] Nachtigall, W. / Pohl, G., 2013, S.1.
[114] Nachtigall, W./ Wisser, A., 2013, S.26 ff.
[115] Weicker, K., 2007, S. 277.

Jasmin Stapelfeldt

Evolutionäre Algorithmen*1

Natur und der natürlichen Evolution mehr Anwendung vor allem in der Wirtschaft und Kunst finden, denn der „menschliche Schöpfergeist kann verschiedene Erfindungen machen [...], doch nie wird ihm eine gelingen, die schöner, ökonomischer und geradliniger wäre als die der Natur, denn in ihren Erfindungen fehlt nichts, und nichts ist zu viel."[116]

---

[116] Da Vinci, Leonardo.

V. Literaturverzeichnis

Ayala, Francisco J.: Evolution,- Die Großen Fragen, Berlin: Springer Spektrum, 2013.

Bentley, Peter/ Corne, David W.: Creative Evolutionary Systems A volume in The Morgan Kaufmann Series in Artificial Intelligence, Elsevier Inc., 2002.

Biesalski, Hans Konrad: Mikronährstoffe als Motor der Evolution, Berlin: Springer Spektrum, 2015.

Darwin, Charles: Über die Entstehung der Arten im Thier- und Pflanzen-Reich durch natürliche Züchtung: oder Erhaltung der vervollkommneten Rassen im Kampfe um's Daseyn, E. Schweizerbart'sche Verlagshandlung und Druckerei, 1860.

Darwin, Charles: Die Abstammung des Menschen und die geschlechtliche Zuchtwahl, John Murray, 1871.

Darwin, Charles: Die Nächste Million Jahre: Ein Ausblick auf die Künftige Entwicklung der Menschheit, Springer-Verlag, 2013.

Darwin, Charles: Über die Entstehung der Arten, Jazzybee Verlag, 2016.

Da Vinci, Leonardo, Maler, 1452-1519.

Di Chio, Cecilia/ Agapitos, Alexandros/ Cagnoni, Stefano/ Cotta, Carlos/ De Vega, Francisco Fernández/ Di Caro, Gianni A./ Drechsler, Rolf/ Ekárt, Anikó/ Esparcia-Alcázar, Anna I./ Farooq, Muddassar/ Langdon, W.B./ Juan-J. Merelo-Guervós/ Preuss, Mike/ Richter, Hendrik/ Silva, Sara/ Simões, Anabela/ Squillero, Giovanni/ Tarantino, Ernesto/ Tettamanzi, Andrea/ Julian Togelius/ Urquhart, Neil/ Uyar, Sima/ Yannakakis, Georgios N.: Applications of Evolutionary Computation, Berlin Heidelberg, Springer Verlag, 2012.

Fogel, David B.: Evolutionary Computation: Toward a New Philosophy of Machine Intelligence, Wiley-IEEE Press, 2005

Hildebrand, Lars: Asymmetrische Evolutionsstrategien, TU-Dortmund, https://eldorado.tu-dortmund.de/bitstream/2003/2536/1/hildebrandunt.pdf, 2001, aufgerufen am 06.04.2018 um 19:53.

Holland, John, H.: Adaptation in Natural and Artificial Systems. Bradford Book, University of Michigan Press, 1975.

Hoßfeld, Uwe/ Olsson, Lennart: Charles Darwin - Zur Evolution der Arten und zur Entwicklung der Erde, Berlin: Springer Spektrum, 2014.

Jakob, Wilfried: Planung und Optimierung mit evolutionären Verfahren, KIT, http://www.home.hs-karlsruhe.de/~jawi0001/EA-Vorlesung/PDF/K0_EA-Einfuehrung_Handout_2FpS.pdf, o.J., aufgerufen am 06.04.2018 um 19:56.

Junge, Mark: Simulationsgestützte Entwicklung und Optimierung einer energieeffizienten Produktionssteuerung, kassel university press GmbH, 2007.

Köhler-Buchmeister, M.: Evolutionsstrategie im Detail: Koordinierte Selbstorganisation und selbstorganisierte Koordination, http://www.bertramkoehler.de/PR4.htm, 2008, aufgerufen am 06.04.2018 um 20:59.

Kost, Bernd: Optimierung mit Evolutionsstrategien, Frankfurt am Main, Wissenschaftlicher Verlag Harri Deutsch GmbH; 2003.

Küppers, Udo: Natureffiziente Lösung erobern die Technik; Düsseldorf, Springer VDI, 2007.

Küppers, Udo: Mäander-Effekt® in der Landtechnik; https://www.landtechnik-online.eu/ojs-2.4.5/index.php/landtechnik/article/viewFile/2009-5-343-346/1136, 2009, aufgerufen am 06.04.2018 um 20:17.

Lamarck, Jean-Baptiste: Philosophie Zoologique, Frankreich, Muséum national d'histoire naturelle, 1809.

Lange, E./ Kippels, Dietmar: Konstrukteure lernen von der Natur, http://www.ingenieur.de/Themen/Forschung/Konstrukteure-lernen-Natur, 14.12.2007, aufgerufen am 06.04.2018 um 20:55.

Lefèvre, Wolfgang: Jean-Baptiste Lamarck, in: Jahn, I.; Schmitt, M.: Darwin & Co. Eine Geschichte der Biologie in Portraits; Band 1; Verlag Beck C. H. München 2001.

Lyell, Charles: Principles of Geology; Or, The Modern Changes of the Earth and Its Inhabitants Considered as Illustrative of Geology, Band 2, D. Appleton, 1877.

Mayr, Ernst: Das ist Evolution; München, C. Bertelsmann Verlag, 2003.

Nachtigall, Werner: Bionik- Grundlagen und Beispiele für Ingenieure und Naturwissenschaftler, Berlin Heidelberg, Springer-Verlag, 2002.

Nachtigall, Werner/ Pohl, Göran: Bau-Bionik, Heidelberg, Springer Vieweg, 2013.

Nachtigall, Werner/ Wisser, Alfred: Bionik in Beispielen, Heidelberg, Springer Spektrum, 2013.

o.V.: Abbildung Darwin-Finken, http://moodleemb.square7.ch/mediawiki-1.18.6/images/b/b8/Darwinfinken.jpg, o.J., aufgerufen am 08.05.2018 um 11:30

o.V.: Abbildung Abstammungslehre, https://www.schulentwicklung.nrw.de/sinus/upload/Dokumentation2011/N4a/uebersicht.jpg, o.J., aufgerufen am 08.05.2018 um 11:30

o.V.: Abbildung 90°Rohrkrümmer, https://www.kunststoffrohrsysteme.de/images/produkte/4/1993517_z1.jpg, o.J., aufgerufen am 08.05.2018 um 11:30

Pohlheim, Hartmut: Evolutionäre Algorithmen: Verfahren, Operatoren und Hinweise für die Praxis, Springer Verlag, 2013.

Rechenberg, Ingo: Evolutionsstrategie – Optimierung technischer Systeme nach Prinzipien der biologischen Evolution; Stuttgart, Friedrich Frommann Verlag, 1973.

Jasmin Stapelfeldt

Evolutionäre Algorithmen*1

Rechenberg, Ingo: Evolutionsstrategie '94, Auflage 1, frommann-holzboog; 1994.

Rechenberg, Ingo: Sternstunden der Evolutionsstrategie; Vortrag an der Universität Jena, https://www.youtube.com/watch?v=Rhj7s_LRLAM, 2014, aufgerufen am 06.04.2018 um 21:28.

Reece, Jane/ Urry, Lisa/ Cain, Michael/ Wasserman, Stevan/ Minorsky, Peter/ Jackson, Robert: Campbell Biologie; 10. Auflage; Pearson Deutschland GmbH, Hallbergmoos, 2015.

Rüter, Martina: Evolutionsstrategie: Technische Optimierungsverfahren

nach Darwin-Art; https://www.xn--martina-rter-llb.de/text-fachtexte-naturwissenschaften/bionik/evolutionsstrategie-technische-optimierungsverfahren-nach-darwin-art/, 2015, aufgerufen am 06.04.2018 um 20:48.

Saporiti, K.: Empirismus; in: Schrenk, Markus: Handbuch Metaphysik, Springer-Verlag GmbH Deutschland, 2017.

Seiler, Marcel Sebastian: Geometrische Restriktionen bei der geometriebasierten Strukturoptimierung von Maschinenbauteilen mit Freiformgeometrien, Rwth-aachen. http://publications.rwth-aachen.de/record/197490/files/4348.pdf, 2012, aufgerufen am 06.04.2018 um 20:07.

Stober, Alexandra: Forschung: Evolutionsforschung, Planetwissen, https://www.planet-wissen.de/natur/forschung/evolutionsforschung/index.html, 2018, aufgerufen am 06.04.2018 um 20:45.

Storch, Volker/ Welsch, Ulrich/ Wink, Michael: Evolutionsbiologie, Heidelberg, Springer Spektrum, 2013.

Suhl, Leena/ Mellouli, Taieb: Optimierungssysteme – Modelle, Verfahren, Software, Anwendungen, 3. Auflage, Berlin Heidelberg, Springer Gabler, 2013.

Turing, Alan Mathison: Computing machinery and intelligence. In: Mind, 59, https://www.csee.umbc.edu/courses/471/papers/turing.pdf, 1950, aufgerufen am 06.04.2018 um 21:37.

VDI-Gesellschaft Technologies of Life Sciences: VDI 6220: Blatt 1 Bionik - Konzeption und Strategie, 2012.

Vollmer, Gerhard: Wieso können wir die Welt erkennen? Neue Argumente zur Evolutionären Erkenntnistheorie, 2007.

Weicker, Karsten: Evolutionäre Algorithmen, Springer Science & Business Media, 2007.

Wiesemüller, Bernhard/ Rothe, Hartmut/ Henke, Winfried: Phylogenetische Systematik – Eine Einführung, Berlin Heidelberg, Springer-Verlag, 2003.

Wrede, Paul/ Wrede, Saskia: Charles Darwin: Die Entstehung der Arten, John Wiley & Sons, 2013.

Zrzavý, Jan/ Burda, Hynek/ Storch, David/ Begall, Sabine/ Mihulka, Stanislav: Evolution, 2. Auflage, Berlin Heidelberg, Spektrum, 2013.

BEI GRIN MACHT SICH IHR WISSEN BEZAHLT

- Wir veröffentlichen Ihre Hausarbeit,
  Bachelor- und Masterarbeit

- Ihr eigenes eBook und Buch -
  weltweit in allen wichtigen Shops

- Verdienen Sie an jedem Verkauf

Jetzt bei www.GRIN.com hochladen
und kostenlos publizieren